PAUL TANNERY

LA GÉOMÉTRIE

AU XIᵉ SIÈCLE

PARIS
IMPRIMÉ POUR L'AUTEUR

1897

De la part de l'Auteur.

LA
GÉOMÉTRIE AU XIᴱ SIÈCLE

PAR M. PAUL TANNERY

I

SUR L'INVENTION DE LA GÉOMÉTRIE

Ceci n'est point un chapitre de l'histoire de la *science* ; c'est une étude sur l'*ignorance*, à une époque qui précède immédiatement l'importation en Occident de la mathématique arabe.

Peut-être cependant cette étude permettra de jeter quelque lumière sur un des plus importants problèmes que soulève l'histoire de la géométrie. Chez les Grecs, vers la seconde moitié du vᵉ siècle avant notre ère, cette science nous apparaît déjà constituée sous ses traits essentiels, tandis que, sur son origine et sur ses progrès jusqu'à cette date, nous ne possédons que quelques rares et vagues indications, dérivant de légendes incertaines ou suspectes. La géométrie est-elle une fleur du génie grec, spontanément éclose du cerveau de Pythagore, jaillissant toute formée, comme Minerve du front de Jupiter? Est-ce un fruit lentement mûri pendant d'innombrables générations, et cueilli à l'heure propice par le peuple auquel la fortune avait réservé l'héritage des civilisations orientales? Pour choisir entre ces deux thèses opposées ou pour faire au moins à chacune sa part légitime, l'historien s'en est plutôt rapporté jusqu'à présent à ses conjectures, ou à ses préjugés personnels, qu'aux documents, malheureusement trop insuffisants, que nous a fournis l'étude de l'antiquité.

La vogue des doctrines évolutionnistes aurait dû, semble-t-il, rejeter dans l'ombre l'affirmation de l'originalité absolue de la géométrie grecque ; tout au contraire, les découvertes de l'archéologie orientale ont eu comme résultat de la confirmer de plus en plus.

Il est incontestable aujourd'hui que les Grecs ont emprunté aux Égyptiens le système spécial de fractions auquel ils sont, dans la pratique des calculs, restés fidèles jusqu'au XVe siècle[1]; jamais on n'a pu douter non plus qu'ils n'aient de même emprunté aux Chaldéens les divisions sexagésimales. Pour l'astronomie, comme pour l'arithmétique, ils ont été certainement à l'école des Orientaux; mais pour la géométrie, la question se pose tout différemment, car jusqu'à présent on n'a pu constater ni chez les Egyptiens, ni chez les Babyloniens, rien qui mérite de porter ce nom. Bien plus, il en est de même chez tous les peuples, avant qu'ils aient ressenti, directement ou indirectement, l'influence de la science grecque.

Savoir que la surface d'un rectangle se mesure en faisant le produit des longueurs de ses deux côtés, ce n'est point de la géométrie ; tout peuple dont l'organisation sociale a comporté la division, même temporaire, des champs à cultiver, a nécessairement appliqué cette notion : il n'y a point à supposer que ce soient les peuples civilisés qui l'aient enseignée aux barbares; il n'y a point à répéter la légende grecque sur les inondations du Nil, obligeant chaque année les Égyptiens à retrouver les limites de leurs champs et les conduisant ainsi à l'invention de la *mesure de la terre*.

Mais mesurer un quadrilatère quelconque en faisant le produit des demi-sommes des côtés opposés ; bien plus, appliquer le même procédé (en faisant un côté nul) à la mesure d'un triangle, cela c'est simplement l'ignorance de la géométrie; or c'est ce que l'on constate chez les Égyptiens, sinon chez les Babyloniens.

Dire que, chez ces peuples, l'inexactitude des procédés pratiques d'arpentage était compensée par la valeur de connaissances théoriques exclusivement cultivées par les castes sacerdotales, c'est émettre une hypothèse purement gratuite, en tant qu'on ne peut l'appuyer sur aucun document positif. La persistance avec laquelle reparaît cette hypothèse ne peut donc s'expliquer que par un préjugé, qui n'est point d'ailleurs, il faut le reconnaître, dénué de tout fondement.

Avec notre éducation actuelle, qui répand les connaissances scientifiques dans un cercle toujours de plus en plus large, et qui nous fait, à juste titre, considérer ces connaissances comme un élément intégrant de notre civilisation, il nous est certainement difficile de concevoir comment, chez des peuples dont les monuments provoquent toute notre admiration, la géométrie aurait pu être ignorée au degré que nous indiquent, par exemple, les papyrus égyptiens.

Ainsi il semble incroyable qu'avant de l'avoir appris des Grecs, on n'ait pas su, à Memphis, calculer exactement le volume d'une pyramide. Cependant si l'on réfléchit que Chéops et Chephren n'avaient point à faire voter un budget

(1) Il s'agit de l'emploi exclusif, comme fractions *abstraites*, de celles qui ont pour numérateur l'unité, et aussi, par exception, de la fraction $\frac{2}{3}$. Nos fractions ordinaires étaient cependant introduites dès le temps d'Euclide. Quant aux fractions *concrètes* (divisions métriques), les Égyptiens s'en sont naturellement servis dès les temps les plus reculés.

par des Chambres, il est bien permis de douter qu'ils aient fait dresser par leurs architectes des devis préalables ; la connaissance théorique de la mesure d'une pyramide n'était en tout cas nullement indispensable à sa construction. En thèse générale, le développement de l'architecture chez les anciens peuples de l'Orient doit nous faire supposer qu'ils possédaient un certain nombre de notions de géométrie pratique; mais il y a loin de là à prouver qu'ils possédaient également les connaissances théoriques que nous appliquerions aujourd'hui pour imiter leurs œuvres.

Par contre, cette hypothèse d'une science sacerdotale[1], qu'aucune preuve sérieuse ne permet de confirmer, aucun document décisif ne permet davantage de l'écarter péremptoirement. Est-il possible, au moins, de dissiper, ne fût-ce qu'en partie, le préjugé qui la soutient? Suffira-t-il, pour cela, de montrer à quel point la géométrie était ignorée chez nos ancêtres alors qu'ils avaient dépassé, depuis longtemps déjà, les échelons inférieurs de la civilisation? En tout cas, je ne pense point que l'on puisse nier l'intérêt que présente, à ce point de vue, l'étude de cette *ignorance*.

II

SUR L'ENSEIGNEMENT AU XIe SIÈCLE

Les documents, peu connus ou même inédits, que je vais essayer de mettre en lumière, sont des écrits de la première moitié du XIe siècle et proviennent exclusivement de la Lotharingie, de Liège ou de Cologne. Si, pour la même époque, nous n'en avons pas de semblables pour la France propre ou pour d'autres régions de l'Occident latin, c'est probablement l'effet du hasard qui les a conservés, malgré leur pauvreté scientifique. Mais nous devons, par là même, être portés à croire qu'ailleurs on n'était guère capable de faire mieux.

La Lotharingie avait été le véritable centre de l'empire de Charlemagne et la race franque y dominait. Au XIe siècle, elle était déjà aussi éloignée de la barbarie, elle n'était pas plus *jeune*, à cet égard, que la race hellène au temps de Pythagore. Si on les compare, celle-ci avait surtout l'avantage de posséder une langue faite (commençant à s'écrire en prose) et des poèmes d'une incomparable beauté.

Le développement normal des langues parlées par les envahisseurs du monde romain avait été arrêté par suite de leur mélange avec les vaincus et aussi de leur conversion à une religion obstinément attachée, d'une part, à la

(1) Je ne parle ici, bien entendu, que de la science géométrique; mais les autres connaissances réelles des prêtres d'Egypte et de Chaldée ont été, de même, souvent exagérées d'une façon singulière.

langue latine, résolument hostile, d'un autre côté, aux traditions nationales entachées de paganisme. Le mouvement intellectuel, véritablement propre au génie de la race, subit un retard correspondant : il fallut que de nouvelles langues se formassent et qu'elles devinssent littéraires, en subissant, suivant la règle, l'apprentissage des formes poétiques et en les appliquant à des traditions plus récentes.

Au XIe siècle, cet essor des langues modernes est seulement sur le point de commencer ; il n'y en a pas moins déjà une caste savante, qui a sa langue à elle. Le recrutement de cette caste, qui attire à elle les intelligences les mieux douées, l'importance qu'elle prend dans la vie sociale et politique, en effaçant les langues nationales, sont précisément les causes profondes qui feront que nos trouveurs du moyen âge seront si inférieurs, non seulement aux aèdes grecs, mais même aux skaldes islandais. Par là encore, nos ancêtres sont dans une situation toute différente de celle des Grecs avant Pythagore et que l'on comparera plutôt à celle des peuples de l'ancien Orient.

Ce n'est plus désormais seulement dans quelques monastères que se maintiennent les traditions studieuses; il est de principe que le prêtre doit bien connaître la langue dans laquelle il officie. On le forme dans des écoles ouvertes auprès des cathédrales et où professent des maîtres que dirige un fonctionnaire important, le *scholasticus* (écolâtre).

L'éducation classique ainsi donnée est très sérieuse et ne se borne nullement au minimum indispensable pour la liturgie et la théologie. Les hommes qui sortent de ces écoles sont familiers avec les poètes latins; ils écrivent correctement en général, quelques-uns avec une singulière élégance, comme Gerbert. En tout cas, leur latin est infiniment supérieur à celui de la scolastique postérieure, qui se corrompra de plus en plus jusqu'à devenir illisible.

A côté des auteurs purement littéraires, on étudie dans ces écoles les ouvrages latins que l'on possède et qui ont trait aux sept arts libéraux. Pour le *Quadrivium* [1], c'est bien peu de chose; mais l'arithmétique n'en est pas moins convenablement enseignée; on a Boèce, c'est-à-dire Nicomaque, le manuel des connaissances théoriques exigées chez les Grecs et les Romains de l'étudiant en philosophie. Le calcul se fait, non pas la plume à la main, mais sur l'*abacus*, soit suivant l'ancien système, avec les jetons-unités, soit suivant les procédés nouvellement introduits par Gerbert (l'écolâtre de Reims devenu pape), avec des jetons marqués de chiffres. La grande difficulté, c'est le maniement des incommodes fractions romaines; mais, en somme, on se tire heureusement de questions relativement compliquées.

Pour la géométrie, il en est tout autrement; on n'en sait pas plus que les Grecs avant Pythagore; on n'a ni livres ni modèles; on ignore absolument ce qu'est une démonstration géométrique.

(1) Arithmétique, musique, géométrie, astronomie.

Comment ce fait est-il possible? Comment des hommes intelligents et instruits, que les questions géométriques intéressent, qui ont des connaissances assez étendues en arithmétique, qui raisonnent très convenablement, comme logiciens ou dialecticiens, sont-ils au contraire incapables de construire un raisonnement mathématique? Voilà précisément une des questions qu'il faut résoudre, si l'on veut dénier aux Égyptiens ou aux Babyloniens la connaissance de la géométrie théorique.

Il suffit de remarquer à ce sujet qu'un ensemble important de vérités arithmétiques peut être trouvé par induction et suffisamment vérifié par des calculs pour entraîner la persuasion, sans qu'il soit besoin à cet effet d'une démonstration rigoureusement valable. C'est ainsi qu'il n'y en a aucune ni dans Nicomaque ni dans son traducteur Boèce, quoiqu'ils énoncent des proportions qu'ignorent aujourd'hui nos candidats au baccalauréat et devant lesquelles ils se trouveraient, pour la plupart, singulièrement embarrassés.

Quoique postérieur à l'ère chrétienne, l'ouvrage de Nicomaque peut donc très bien représenter l'arithmétique primitive, telle que les Grecs ont pu, soit l'inventer d'eux-mêmes, soit l'emprunter aux Orientaux. Mais en géométrie l'induction n'est pas praticable dans les mêmes conditions; après l'acquisition d'un certain nombre de notions intuitives et qu'on peut dire communes à tous les peuples, on se trouve arrêté, à moins de procéder par démonstrations rigoureuses. C'est donc pour la géométrie, non pour l'arithmétique, qu'a été constitué, par les Grecs, le type du raisonnement mathématique, ce qui forme le trait caractéristique de la science. La preuve topique en est que les Grecs ont certainement créé la géométrie théorique avant de soumettre à la même forme de raisonnement les propositions arithmétiques, et c'est ce qui fait que, dans Euclide, après les six premiers livres qui comprennent la géométrie plane, en viennent trois autres, rédigés sur le même modèle et consacrés à l'arithmétique.

III

FRANCON, DE LIÈGE

Ce que je viens de dire de l'ignorance où l'on était de la géométrie au XIe siècle, semble, à première vue, démenti par le seul titre : *De quadratura circuli* d'un opuscule composé vers 1050 par un écolâtre de Liège, du nom de Francon. Mais précisément l'examen de cet ouvrage suffit à confirmer amplement les assertions que j'ai émises.

On n'en connaît, au reste, qu'un manuscrit complet qui se trouve à la Vaticane; malheureusement ce manuscrit est assez incorrect, et le texte de l'édition qui en a été donnée[1] est trop souvent incompréhensible; c'est probablement ce qui a empêché jusqu'à présent d'en tirer des conclusions précises. Après une étude approfondie, je crois toutefois pouvoir en donner, avec pleine assurance, l'analyse qui suit :

Je remarque tout d'abord que le problème de la quadrature du cercle n'est connu de Francon par aucun ouvrage de géométrie, mais bien par un traité de logique, le *Commentaire* de Boèce sur les catégories d'Aristote. Le maître avait en effet donné ce problème comme exemple d'une question dont la solution était possible, mais inconnue; le commentateur avait ajouté que cette solution n'avait été découverte qu'après le temps d'Aristote[2].

Voici maintenant comment Francon comprend ce problème. Il regarde comme constant, d'après une formule transmise par les agrimenseurs romains[3], que la surface d'un cercle s'obtient exactement en multipliant le carré du diamètre par 11 et en divisant par 14. Si donc, par exemple, un cercle a un diamètre de 14 pieds, on construira aisément un rectangle de 11 pieds sur 14, dont la surface (154 pieds carrés) sera équivalente à celle du cercle. Francon considère donc comme parfaitement connue la solution du problème impossible que nous appelons aujourd'hui la quadrature du cercle.

Mais il s'agit, étant donné le rectangle 11×14, de construire un carré équivalent. Voilà le sujet sur lequel Francon va écrire six livres, sans arriver à s'en tirer. Il ignore donc la construction de la moyenne proportionnelle entre deux droites, tout comme il ignore le théorème de Pythagore. La seule relation métrique entre lignes droites qu'il connaisse est, en effet, celle que Platon (dans le *Ménon*) a prise pour exemple d'une vérité d'intuition, à savoir que le carré construit sur la diagonale d'un carré est double de ce carré.

On se demandera sans doute quelle idée se fait Francon de la façon dont on a pu arriver à l'établissement de la formule permettant de construire un rectangle équivalent à un cercle. Or il n'y a pas de doute qu'il ne l'ait regardée comme un fait d'expérience; c'est par des procédés empiriques (*in membranis et pelliculis*), en découpant des morceaux de parchemin, que l'on est parvenu à cette connaissance; il admet probablement, au reste, que la recherche a été faite avec assez de soin par les « subtils géomètres » qui ont établi ces règles, pour qu'il soit inutile de la recommencer.

Ainsi Francon a si peu l'idée de ce qu'est une déduction mathématique que la géométrie lui apparaît, en fait, comme une science expérimentale.

(1) Der Traktat Franco's von Lüttich « De quadratura circuli » herausgegeben von Dr Winterberg (p. 135-190 des *Abhandlungen zur Geschichte der Mathematik*, IV, Leipzig, Teubner, 1882).

(2) Boèce prenait peut-être déjà, comme l'a fait Francon de Liège, l'approximation d'Archimède pour une valeur exacte. Mais peut-être au contraire faisait-il allusion aux solutions graphiques au moyen de courbes mécaniques (quadratrice de Dinostrate, spirale d'Archimède, etc.).

(3) Voir plus loin ce que je dirai des écrits de ces agrimenseurs.

Mettons en revanche à son actif qu'il a quelques idées assez nettes, celle-ci entre autres qui est d'ailleurs plutôt arithmétique que géométrique, à savoir qu'il est impossible d'exprimer en termes rationels, même au moyen d'une série de substitutions, la racine d'un nombre entier non carré parfait comme 154. C'est même ce qu'il essaie de prouver, et si sa démonstration laisse encore singulièrement à désirer, au moins suit-il la bonne voie.

Quant à la solution qu'il propose, en fin de compte, pour le problème qu'il s'est posé, il y a lieu de distinguer deux cas :

1° L'un concerne en particulier la construction du carré ayant une surface de 154. Ce que Francon indique, sous plusieurs formes différentes revient à poser :

$$154 = (11 + \sqrt{2})^2,$$

ce qui revient à l'approximation $\sqrt{2} = \frac{31}{22} = 1{,}40909...$

Il se rend bien compte qu'arithmétiquement parlant une solution de ce genre est inadmissible, puisqu'elle est en contradiction avec le principe qu'il a, comme nous venons de le voir, essayé de prouver. Mais il soutient que géométriquement la question n'est plus la même ; ceci ne peut avoir qu'un sens : Francon n'a point de notion précise de la rigueur *géométrique* ; il considère comme vrai géométriquenent ce que nous dirions approché dans la limite des erreurs possibles avec les constructions graphiques.

2° Mais il s'est aussi proposé comme but suprême le problème général, la construction du carré équivalent à un rectangle donné quelconque. Malheureusement, et c'est ce que font trop souvent les auteurs du moyen âge (de ce temps de science livresque), après avoir solennellement promis cette solution comme couronnement de son œuvre, après avoir minutieusement expliqué sa pensée sur tous les points faciles, arrivé au nœud de la question, il se dérobe :

Il dit fort posément ce dont on n'a que faire
Et court le grand galop quand il est à son fait.

On ne voit donc pas très clairement ce qu'il propose en réalité.

Soit le rectangle ABCD donné, et le carré équivalent EFHD qu'il faut construire. Francon prescrit de prendre d'abord AI = AD. Il s'agit ensuite de déterminer entre I et B un point G, tel que le rectangle GBCH soit équivalent au rectangle GFEA. Mais GBCH est équivalent au parallélogramme GBML, que l'on obtient en construisant GL = GA et en menant BM parallèle à GL. Maintenant pour que GFEA soit équivalent à GBML, il faut et il suffit que GF soit égale à GK, la perpendiculaire abaissée de G sur BM. Mais pour que EFHD soit un carré, il faut de plus que GK ou GF soit égale à GI.

En fait, ceci ne donne pas le point G, mais impose seulement une condition que l'on peut essayer de résoudre graphiquement en tâtonnant. Est-ce là la solution véritable proposée par Francon? Je le crois; toutefois à prendre son texte à la lettre, il suffirait de prendre G au milieu (*in medium*) entre I et B. Il est clair qu'alors EFHD n'est nullement un carré et que Francon transforme seulement le rectangle *ab* en un autre équivalent, dont les côtés, $\frac{a+b}{2}$ et $\frac{2ab}{a+b}$ ont une différence moindre que celle de *a* à *b*. Chacun d'eux pourrait donc, par une approximation grossière, être pris pour le côté du carré cherché, tandis qu'en répétant l'opération sur un second rectangle on peut obtenir une meilleure approximation, et ainsi de suite. On pourrait encore soupçonner que serait là l'idée de Francon.

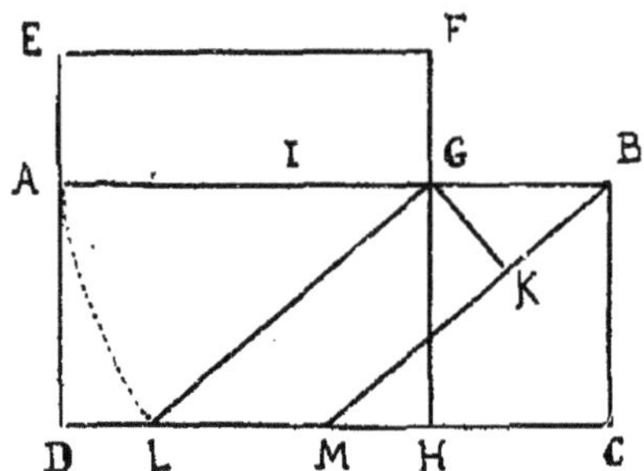

IV

RAIMBAUD, DE COLOGNE, ET RAOUL, DE LIÈGE

Entre autres digressions, notre auteur fait une longue allusion à une discussion qui, dit-il, « a beaucoup tourmenté nos anciens ». De même que la question de la quadrature du cercle, cette discussion avait été provoquée par un passage du *Commentaire* de Boèce sur les catégories d'Aristote : « Nous savons que la somme des angles intérieurs d'un triangle est égale à deux droits. »

Or, c'est là précisément le thème principal d'une correspondance inédite [1] échangée, probablement vers 1025, entre un maître aux écoles de Liège, du nom de Raoul (*Radulfus*) et un Raimbaud (*Ragimboldus*), écolâtre de Cologne. Il est certain que Francon vise en particulier ces lettres, qui sont au nombre de huit; leur étude conduit absolument aux mêmes conclusions que celle de l'opuscule *De la quadrature du cercle.*

Il y a là, en fait, comme un tournoi scientifique, où il s'agit probablement pour Raoul de gagner ses éperons devant un public qui juge les coups; car les lettres sont communiquées (parfois même avant d'être adressées), non seulement aux autres clercs de Cologne ou de Liège, mais aussi à diverses personnes de la contrée, notamment à l'évêque d'Utrecht, Adelbold, le disciple de Gerbert.

(1) Voir ma note : *Une correspondance d'écolâtres du* XIe *siècle*, dans les *Comptes rendus de l'Académie des Inscriptions et Belles-Lettres*, 1897.— Ces lettres ont été signalées en premier lieu par M. l'abbé Clerval, dans son ouvrage : *Les Écoles de Chartres au moyen âge.*

Sur la demande de Raoul, Raimbaud lui a posé une question ; c'est celle que soulève le passage de Boèce cité plus haut. Mais ce qui préoccupe surtout l'écolâtre de Cologne, ce n'est point la démonstration de la proposition dont il s'agit ; c'est la signification à attribuer au mot *intérieurs*. Car s'il y a dans un triangle des angles *intérieurs*, il doit y avoir des angles *extérieurs*. Quels sont-ils ?

Un jour, à Chartres, Raimbaud avait discuté cette question avec le célèbre évêque Fulbert ; ils étaient tombés d'accord que le mot *intérieur* devait être synonyme d'*aigu*, et qu'un angle *extérieur* serait un angle *obtus*. Mais ils ont différé sur la raison de cette synonymie : Fulbert paraît avoir pensé qu'elle tenait à la situation, par rapport au triangle, de la perpendiculaire abaissée, sur un des côtés de l'angle, du sommet opposé ; Raimbaud supposait une comparaison avec l'angle droit.

On serait naturellement tenté de croire que ni Fulbert ni Raimbaud n'avaient jamais vu même les énoncés du premier livre d'Euclide. Tout au contraire, ils les connaissaient par la traduction de Boèce ; mais c'était pour eux une suite d'énigmes indéchiffrables[1].

Voici, en particulier, comment Raimbaud interprète l'*énoncé* d'Euclide, I, 32 : « Dans tout triangle, l'angle extérieur est égal à la somme des deux angles intérieurs et opposés. »

Quand on parle d'un triangle sans épithète, ce doit être un triangle équilatéral (comme dans l'arithmétique de Boèce). Pour un tel triangle, l'angle extérieur doit être l'angle obtus ayant son sommet au centre O et sous-tendu par l'un des côtés ! Cet angle, tel que BOC (de 120°), est égal à la somme des angles ABC, ACB du triangle (chacun de 60°).

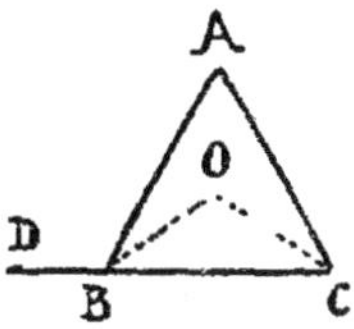

Raimbaud fit prévaloir cette bizarre interprétation sur celle de Raoul, qui avait répondu que le terme *intérieur* devait s'appliquer aux angles considérés dans une figure plane, tandis qu'*extérieur* serait un angle considéré sur la surface d'un solide (par exemple d'un cube). Francon rejettera à son tour l'opinion de Rambaud et remarquera avec raison qu'*angle extérieur* doit signifier un angle dont un côté est extérieur au triangle. Mais il trace ce côté, à partir d'un sommet, dans une direction quelconque ; il n'a donc pas deviné le sens spécial (d'angle formé par un côté du triangle avec le prolongement d'un autre) ; il n'a pas encore la clef de l'énoncé euclidien (que l'angle ABD, par exemple, est égal à la somme des angles BAC, ACB).

Quant à la proposition sur la somme des trois angles d'un triangle, il est juste de reconnaître que Raoul s'efforce de la démontrer. Il le fait assez convenablement pour le triangle rectangle isoscèle (comme moitié d'un carré) ; mais

(1) Dans les manuscrits les plus anciens, les figures qui accompagnent ces énoncés sont encore souvent des énigmes pour nous-mêmes.

dès qu'il s'agit d'aller plus loin, il déclare que c'est plus facile à saisir intuitivement qu'à expliquer par le langage, ou bien il parle de vérifications en découpant des morceaux de parchemin. Plus tard, il est vrai, il aura l'idée que la diagonale d'un rectangle décompose celui-ci en deux triangles égaux; mais il n'arrive point à mettre en forme la démonstration, même pour le triangle rectangle quelconque.

D'après Francon, Wazzon, écolâtre à Liège en 1025, son successeur Adelman, un Razegin, ami de Raimbaud, d'autres encore, se seraient essayés à la même démonstration. Il donne les figures qu'ils avaient employées ; celle d'Adelman paraît la seule qui puisse s'appliquer au cas général (au moins pour un triangle rectangle). Mais Francon lui-même déclare que toutes ces tentatives sont imparfaites, et quoi qu'il en dise, il n'arrive pas à faire mieux.

Ainsi, même en possédant l'énoncé d'un des théorèmes les plus élémentaires de la géométrie plane, les maîtres les plus renommés du XIe siècle sont incapables d'en comprendre exactement le sens, et ils échouent plus ou moins en essayant de le démontrer. On peut juger, par cet exemple, combien il était difficile en fait de constituer la géométrie théorique, même pour des hommes exercés à raisonner et à calculer.

V

GERBERT ET LES AGRIMENSEURS ROMAINS

Les constatations que l'opuscule de Francon et les lettres entre Raimbaud et Raoul nous ont permis de faire, sont en complet désaccord avec l'opinion courante, qui attribue à Gerbert d'avoir, à la fin du Xe siècle, créé, comme écolâtre à Reims, en même temps que l'enseignement de l'arithmétique, celui de la géométrie, qui se serait propagé de là dans les autres écoles. Aux mêmes constatations se heurte également la croyance à l'authenticité des Géométries attribuées à Boèce et à Gerbert, croyance encore assez vivace, malgré les attaques qu'elle a subies.

Il n'est que trop clair, tout d'abord, à l'ignorance dont font preuve Fulbert de Chartres, ou Adelbold d'Utrecht, que si leur maître Gerbert a jamais essayé de constituer un enseignement sérieux de la géométrie, ses efforts ont été absolument vains. Mais le fait que les questions élémentaires qui sont agitées proviennent d'ouvrages étrangers à la géométrie, prouve tout aussi clairement qu'il n'y a alors aucun livre qui puisse servir à l'enseignement de cette science.

Les maigres articles consacrés par Isidore de Séville, ou par Cassiodore, à la géométrie représentent en fait ce qui pouvait en être appris : *quelques rares* définitions, compilées par des grammairiens. Quant au VIe livre de Martianus Capella [1], il ne pouvait donner qu'une idée encore plus singulière de la science ; on y trouve tout d'abord une géographie complète et détaillée du monde connu avec indication de dimensions ; vient ensuite un recueil des définitions d'Euclide, sans les indications qui seraient indispensables pour en comprendre un bon nombre : l'énoncé du premier problème d'Euclide : « Sur une droite donnée, construire un triangle équilatéral. » Et c'est tout.

Restaient deux sources où l'on aurait pu puiser davantage : 1° la traduction par Boèce des énoncés des quatre premiers livres d'Euclide ; mais nous avons vu à quel point elle était inutilisable ; 2° la partie mathématique des écrits des agrimenseurs romains, sur lesquels il convient de s'arrêter davantage.

Ces écrits formaient un *corpus* [2] assez peu répandu et constitué en majeure partie par des textes ou des commentaires juridiques. On y rencontre cependant diverses séries de définitions géométriques et métrologiques et d'autres de problèmes d'arpentage. Raoul de Liège a connu, sous le nom de *Podismus*, tout ou partie de cet ensemble mathématique. Mais il n'y en avait aucun manuscrit à Liège et il ne semble pas y en avoir eu davantage à Cologne. Quelques données, empruntées à ce recueil, comme la mesure de l'aire du cercle ou celle du volume de la sphère, n'en circulaient pas moins. Mais on aurait pu tirer de là beaucoup plus, notamment la connaissance du théorème de Pythagore que Francon paraît encore ignorer, mais dont les agrimenseurs romains font de fréquentes applications.

Gerbert semble être le premier à avoir reconnu l'importance de cette source ; par une de ses lettres, adressée à Adelbold, nous savons qu'il avait envoyé à ce dernier des « figures géométriques », c'est-à-dire probablement un extrait d'un manuscrit des agrimenseurs. Mais il n'avait pas mis la chose au point en corrigeant les erreurs et en élucidant les obscurités, ce qui amena Adelbold à une demande d'explications.

Un des auteurs compilés (Vitruvius Rufus ?) donnait, pour la mesure de l'aire des polygones réguliers, les formules grecques applicables au calcul des *nombres polygones* (c'est-à-dire des sommes de progressions arithmétiques à termes entiers, commençant à l'unité) [3]. Adelbold demanda à Gerbert comment,

(1) Le bizarre ouvrage de cet auteur (*Du mariage de Philologie et de Mercure*) fut, comme on sait, un des principaux trésors de l'érudition au commencement du moyen âge.

(2) Il a été édité sous le titre de *Gromatici veteres*, par Lachmann (Berlin, Reimer, 1848), qui a cependant laissé de côté la compilation mathématique la plus importante, le *Liber* d'Epaphroditus et de Vitruvius Rufus. Cet opuscule a été inséré par M. Cantor dans son ouvrage : *Die rœmischen Agrimensoren* (Leipzig, Teubner, 1875). M. Victor Mortet et moi en avons publié un texte différent (*Notices et Extr. des Mss.*, XXXV, 1896).

(3) Le polygone est dénommé d'après la raison de cette progression, augmentée de deux unités ; ainsi, lorsque la raison est 1 (*nombres consécutifs*), on a le *triangle* ; pour la raison 2 (*nombres impairs*), on a le *carré*, et ainsi de suite. Le nombre des termes sommés est ce qu'on appelle le côté du nombre polygone.

en particulier, la mesure du triangle (équilatéral) d'après cette formule, $\frac{a(a+1)}{2}$, ne coïncidait pas avec la mesure du même triangle suivant les autres procédés. Dans sa réponse, que nous avons, Gerbert explique assez convenablement la difficulté, ce qui n'empêcha pas de conserver jusqu'au XVIe siècle, dans les ouvrages de géométrie élémentaire, sinon la formule arithmétique du triangle, au moins celles des autres polygones.

Voilà en fait à quoi se borne ce que nous savons d'authentique sur la part de Gerbert dans l'enseignement de la géométrie à cette époque. Mais avant de passer au Traité qu'on lui a attribué sur cette matière, je reviens à celui qui porte le nom de Boèce.

VI

LA GÉOMÉTRIE DITE DE BOÈCE

Les très vives discussions qui ont porté sur l'authenticité de la *Géométrie* dite de Boèce, ont eu surtout pour objet la question de l'origine des chiffres modernes et du calcul sur l'*abacus*. Il est singulier qu'elles n'aient point dissipé une confusion pourtant aisée à reconnaître.

En fait, il existe deux ouvrages géométriques essentiellement différents, qui, dans les manuscrits, sont donnés comme de Boèce.

A. L'un d'eux, édité en dernier lieu par Friedlein (Leipzig, Teubner, 1867) sous le titre *Ars Geometriæ*, est divisé en deux livres, dont le premier comprend la traduction des énoncés d'Euclide, quelques définitions empruntées aux agrimenseurs, enfin la description de l'*abacus* avec jetons marqués de chiffres affectant la forme dite des *apices* de Boèce. Le second livre contient d'abord des données métrologiques, puis un recueil de problèmes d'arpentage tirés des agrimenseurs (quelques-uns avec des erreurs absurdes); à la fin, l'auteur revient sur l'*abacus*, et propose d'employer, au lieu des signes spéciaux des fractions romaines, la série des lettres de l'alphabet. Cette proposition n'a eu aucune suite, non plus que la très singulière augmentation que le prétendu Boèce fait subir à la nomenclature des fractions en usage[1].

B. Le second ouvrage n'a pas jusqu'à présent été publié *in extenso*. Il n'a de

(1) L'unité romaine, l'*as*, se divise en douze *onces* (chaque nombre d'onces, inférieur à 12, a son nom et son signe particulier) ; l'*once* se divise en 24 *scripules* ; le *scripule* en 2 *oboles*, 4 *carats*, ou 6 *siliques*. Ce sont là les plus petites fractions dénommées et en usage dans les calculs. Mais les Romains divisaient d'autre part l'heure en quatre points, en 10 minutes, et en 40 moments. Le Pseudo-Boèce a absurdement appliqué la division correspondante du quart de jour (*quadrans*) de 6 heures, à celle du quart de l'once, qu'il appelle abusivement *quadrans*, tandis que ce terme s'applique au quart de l'unité, soit à trois onces. Sa nomenclature présente encore d'autres confusions analogues, quoique moins graves.

commun avec le premier que la traduction d'Euclide, qui, dans le manuscrit le plus ancien que l'on connaisse, occupe les livres III et IV. Les deux premiers livres sont compilés dans le plus grand désordre, l'un de quelques passages de Cassiodore, mais surtout des écrits non mathématiques des agrimenseurs, l'autre de l'arithmétique de Boèce. Un cinquième livre renferme, avec des extraits métrologiques d'Isidore de Séville, d'autres fragments des agrimenseurs et une série de définitions données, d'après la même source, par demandes et réponses (*Altercatio duorum geometricorum*).

On s'est accordé, en général, pour ne tenir aucun compte de la rédaction B. Mais il faut remarquer : 1° que le plus ancien manuscrit connu de A est au plus tôt de la fin du XIe siècle, tandis que pour B on en a un qui est incontestablement du IXe siècle (Bibl. nat., lat. 13 020) ; 2° que B n'offre aucun des morceaux ou passages qui ont fait suspecter, même par Friedlein, l'authenticité de A ; 3° que, pour la traduction d'Euclide, le texte de A est évidemment déformé de celui de B.

J'ajouterai que, si Raimbaud et Raoul ont connu une *Géométrie* de Boèce, c'est l'ouvrage B ; autrement une des questions de Raoul à Raimbaud (expliquer la différence des pieds linéaires, carrés et solides) est incompréhensible, puisque cette explication est donnée dans A, et que Raoul demande surtout un auteur où il la trouverait.

Bien entendu, l'ouvrage B n'a pas été composé par Boèce, tel qu'il nous est parvenu ; mais au moins nous ne sommes pas en présence d'une fraude préméditée. Boèce avait dû traduire, au moins en partie, Euclide, ainsi que l'affirme Cassiodore ; mais il ne s'était probablement pas borné aux énoncés. C'est un copiste qui a éliminé les démonstrations, en laissant d'ailleurs beaucoup de blancs où auront été inscrites les additions qui ont formé plus tard les livres I, II et V de B. Ce manuscrit, où des feuillets se sont d'ailleurs trouvés certainement transposés, aura été la source du texte actuel.

L'ouvrage A est au contraire décidément dû à un faussaire, qui prend expressément (et maladroitement) le masque de Boèce ; ce faussaire, que je crois plutôt de la seconde moitié du XIe siècle, s'est servi d'un texte de B et d'un manuscrit des agrimenseurs, qu'il parait désigner sous le nom d'*Archytas* ; il a ajouté sur l'*abacus* quelques développements de son propre cru. Il y a enfin quelques indices qui peuvent faire croire qu'il travaillait en Italie, mais cette question doit rester douteuse.

VII

LA GÉOMÉTRIE DITE DE GERBERT

Quant à la *Géométrie* dite de Gerbert, le cas est tout différent; ce n'est nullement l'œuvre d'un faussaire. C'est la réunion accidentelle, sous le nom de Gerbert, et seulement dans deux manuscrits dont l'origine est la Bavière, de trois compositions distinctes qui se trouvent d'ordinaire anonymes et isolées.

Si le nom de Gerbert pouvait être justifié, se serait seulement pour la troisième partie, en tant du moins que le noyau semble en avoir été ce recueil de figures géométriques envoyé par Gerbert à Adelbold et dont j'ai parlé plus haut. Mais cette troisième partie a en tout cas été grossie postérieurement par des emprunts à d'autres sources diverses qu'il est assez aisé de reconnaître. La composition en varie au reste suivant les manuscrits.

La seconde partie est aussi un recueil de problèmes d'arpentage; mais, au lieu d'avoir comme la troisième pour objet des calculs de longueurs, surfaces ou volumes, elle enseigne des procédés de mesure indirecte sur le terrain et l'emploi à cet effet de divers instruments ou artifices, qui supposent la pratique des triangles semblables. La composition de cette compilation est aussi très variable suivant les manuscrits, et l'origine première en est inconnue; en tout cas, le rédacteur y a mis une marque particulière en y semant çà et là des vers léonins. Le manuscrit le plus ancien qui soit connu (Bibl. nat. 7377 C.) est de la seconde moitié du XIe siècle, et le recueil en question y figure au milieu de diverses pièces d'auteurs lotharingiens du même siècle.

Reste la première partie qui, à la différence des deux autres, est un travail original, et par la même assez intéressant. L'auteur s'est efforcé de faire une exposition méthodique de la géométrie, en ajoutant aux notions théoriques des règles de calcul; il n'a pas poussé très loin son travail, qui s'arrête brusquement comme une œuvre inachevée. Curieux et instruit pour l'époque, il ne dépasse cependant pas le niveau de ses contemporains[1]; notamment il en est encore à l'opinion de Raimbaud sur le sens des mots angles intérieurs et extérieurs, et il déclare expressément que c'est d'après cette signification qu'il faut entendre le passage du *Commentaire* de Boèce sur les catégories, « qui a souvent embarrassé bien des gens ». Il est donc à croire qu'il écrivait en Lotharingie, entre 1025 et 1050 (c'est-à-dire avant Francon), mais on ne peut lui assigner un nom.

(1) Ainsi, il sait, comme probablement déjà les Égyptiens, que le triangle dont les côtés sont proportionnels à 3, 4, 5 est un triangle rectangle, qu'il appelle *pythagorique;* mais il ne semble pas connaître le théorème général de Pythagore, l'équivalence du carré de l'hypoténuse du triangle rectangle et de la somme des carrés des deux autres côtés.

J'arrête ici cet exposé qui suffira, je l'espère, pour la tâche que je me suis assignée au début de cet article ; et je conclurai par une simple remarque.

Rien ne serait plus intéressant que de savoir comment et à quelle époque la géométrie se serait développée dans l'Occident latin, s'il était resté isolé, ne possédant que les éléments que j'ai énumérés et qui ne représentent pas un ensemble de connaissances supérieur, je le répète, à ce que les Grecs pouvaient emprunter aux Orientaux à l'époque de Pythagore. Mais heureusement pour le progrès de l'humanité, dès le XIIe siècle, l'infiltration de la science arabe et des traductions remontant par cette voie aux originaux grecs dispensa nos ancêtres de retrouver par eux-mêmes ce que les anciens avaient découvert. Cependant il est remarquable que, jusqu'à la fin du XVIe siècle, la géométrie resta relativement négligée par rapport à l'arithmétique et à l'algèbre.

C'est là une raison de plus pour considérer la création de la géométrie chez les Grecs comme un fait dépendant beaucoup plus du génie de ce peuple que du degré de civilisation auquel il s'était élevé. Ce qui caractérise d'ailleurs à cet égard le génie hellène, c'est moins sans doute l'accident heureux de la première constitution de la science (par un Pythagore ?) que l'intérêt qu'elle excita et le merveilleux élan qui, s'accélérant d'abord de plus en plus, dura près de cinq siècles, et conduisit un Apollonius et un Archimède jusqu'à des hauteurs qui n'ont été de nouveau atteintes qu'à une date relativement récente.

PAUL TANNERY,
Directeur des Manufactures de l'État.

ÉVREUX, IMPRIMERIE DE CHARLES HÉRISSEY

Extrait de la « Revue Générale Internationale, Scientifique, Littéraire et Artistique ».

(Septembre 1897.)

PARIS. — 9 *bis*, BOULEVARD DU MONT-PARNASSE

INSTITUT INTERNATIONAL SCIENTIFIQUE LITTERAIRE ET ARTISTIQUE

www.ingramcontent.com/pod-product-compliance
Ingram Content Group UK Ltd.
Pitfield, Milton Keynes, MK11 3LW, UK
UKHW012313240726
13966UKWH00005B/1847

9 782013 455534